BEI GRIN MACHT SICH IHR WISSEN BEZAHLT

- Wir veröffentlichen Ihre Hausarbeit, Bachelor- und Masterarbeit

- Ihr eigenes eBook und Buch - weltweit in allen wichtigen Shops

- Verdienen Sie an jedem Verkauf

Jetzt bei www.GRIN.com hochladen und kostenlos publizieren

Urbanisierung in Osteuropa während und nach dem Sozialismus

Debora Satovic

Bibliografische Information der Deutschen Nationalbibliothek:

Die Deutsche Nationalbibliothek verzeichnet diese Publikation in der Deutschen Nationalbibliografie; detaillierte bibliografische Daten sind im Internet über http://dnb.d-nb.de abrufbar.

ISBN: 9783963568756
Dieses Buch ist auch als E-Book erhältlich.

Druck und Bindung: Books on Demand GmbH, Norderstedt Germany
Gedruckt auf säurefreiem Papier aus verantwortungsvollen Quellen

Das vorliegende Werk wurde sorgfältig erarbeitet. Dennoch übernehmen Autoren und Verlag für die Richtigkeit von Angaben, Hinweisen, Links und Ratschlägen sowie eventuelle Druckfehler keine Haftung.

Das Buch bei GRIN: https://www.grin.com/document/1457907

Philosophische Fakultät

Universität Mannheim

Urbanisierung in Osteuropa während und nach dem Sozialismus

eingereicht von

Debora Satovic (geb. Bogdan)

Datum der Abgabe: 18.02.2010

Inhaltsverzeichnis

Abkürzungsverzeichnis

bspw.	beispielsweise
bzgl.	bezüglich
bzw.	beziehungsweise
d. h.	das heißt
ebd.	ebenda
et al.	et alii
ggf.	gegebenenfalls
Hg.	Herausgeber
i. d. R.	in der Regel
o. g.	oben genannte(n)
S.	Seite(n)
sog.	sogenannte(n)
u. a.	unter anderem
u. U.	unter Umständen
vgl.	vergleiche
z. B.	zum Beispiel

1 Einleitung

Die vorliegende Arbeit hat als Gegenstand die Beschreibung des Prozesses der Urbanisierung von osteuropäischen Städten. Die Betrachtungen beziehen sich dabei im Wesentlichen auf die Zeit während und nach dem Sozialismus.

Um den Prozess der Urbanisierung zu verstehen, ist es notwendig, als Erstes allgemeine Definitionen der Urbanisierung anzuführen. Im nächsten Schritt werden die verschiedenen Entwicklungsphasen, wie sie in West- und in Osteuropa stattfinden, kurz skizziert.

Anschließend sollen Stadtentwicklungen während des Sozialismus näher betrachtet werden. Hierunter werden insbesondere regionale und städtische Muster dargestellt und beschrieben. Anschließend dazu erfolgt die Vorstellung der „neuen sozialistischen Städten". Außerdem soll ein abstraktes Muster der europäischen Stadt vorgestellt und ihre Eigenheiten aufgezeigt werden.

Ergänzend dazu werden einige Grundzüge der wirtschaftlichen Lage und des Wohnungsmarktes nach dem Sozialismus wiedergegeben. In diesem Rahmen wird auf die Charakteristiken der postsozialistischen Städte und auf die Probleme, die speziell in den Zentren dieser Städte anzutreffen sind, eingegangen.

Abschließend erfolgt eine Gegenüberstellung von typischen Herausforderungen, die durch die sozialistische Urbanisierung entstanden sind, und mögliche Strategien als Lösungsansätze für die damit einhergehenden Probleme.

2 Verstädterung bzw. Urbanisierung

2.1 Definitionen

Die Urbanisierung kann in erster Linie als ein „soziogeographischer Prozess" angesehen werden. Demnach versteht der Wissenschaftler R. Paesler die Urbanisierung als jenen Einfluss, durch welchen Siedlungen an Urbanität gewinnen.

Anderen Wissenschaftlern zufolge spiegelt sich die Urbanität in der Gesamtheit deren Faktoren wider, welche die Lebensweisen und Charakteristiken der Stadtbewohner kennzeichnen.[1]

Der Wissenschaftler B. Hofmeister unterbreitet den Vorschlag, quantifizierbare und qualitative Faktoren zu trennen. Seiner Definition nach könne man quantifizierbare Faktoren, wie Einwohnerzahl und Flächenwachstum der Stadt, unter dem Prozess der „Verstädterung" zusammenfassen. Qualitative Faktoren, wie die Lebensformen der Bewohner und deren Ausbreitung, sollten als „Urbanisierung" zusammengefasst werden.[2]

In der vorliegenden Arbeit werden „Verstädterung" und „Urbanisierung" synonym verwendet.

2.2 Verlauf

Im Rahmen wissenschaftlicher Beobachtungen wurde festgestellt, dass der Prozess des Stadtwachstums in fünf Stufen verläuft.

Die erste Stufe ist die Urbanisierung. Anfänglich ziehen große Bevölkerungsteile aus ländlichen Gebieten in die wachsenden Industriegebiete der Städte. Dabei wächst die Bevölkerung besonders in den Stadtzentren an.

Auf der zweiten Stufe, der sog. Urbanisierung / Suburbanisierung, werden Wohnbedingungen und Infrastruktur verbessert. Der Dienstleistungssektor spielt dabei eine zentrale Rolle. Die Industrie wird langsam verdrängt und wandert nach und nach an den Stadtrand.

---

[1] Vgl. Heineberg, H.: Stadtgeographie, 3., aktualisierte und erweiterte Auflage, Paderborn 2006, S. 30
[2] Ebd.

Die dritte Stufe ist die Suburbanisierung. Allmählich beginnen auch die Einwohner aus dem Stadtzentrum hinaus in Richtung Stadtrand zu ziehen. Die Nachfrage nach Wohnraum sinkt. Infolgedessen entwickelt sich dieser Bereich immer mehr zum kommerziellen Raum. Gleichzeitig verdichtet sich der Verkehr in den Städten, was dazu führt, dass die Verkehrsnetze weiter ausgebaut werden müssen. Neue Straßen und Parkhäuser verdrängen noch mehr Stadtbewohner, die ebenfalls in die Vorstädte ziehen müssen.

Die vierte Stufe ist die Suburbanisierung / Desurbanisierung. Die Abwanderung der Stadtbevölkerung aus den Stadtzentren nimmt immer mehr zu. Sie breitet sich auf die Vorstädte aus, was wiederum dazu führt, dass sich die Probleme verschärfen. Es entstehen Satellitenstädte, die zwischen 15 und 100 km vom Stadtzentrum entfernt sind. Diese Satellitenstädte befinden sich auf einer Vorstufe der Urbanisierung und ziehen somit Arbeitsplätze aus den großen Stadtzentren ab.

Die fünfte und letzte Stufe ist die Reurbanisierung. Sie wird hauptsächlich durch die Schaffung neuer Arbeitsplätze in der Stadt angetrieben. Es zieht wieder Bevölkerung ins Zentrum, während die Vorstädte zu schrumpfen beginnen. Die Reurbanisierung ist kein Prozess, welcher von der Marktwirtschaft bedingt ist, sondern sie entsteht infolge sozialer Bemühungen.

In Europa sind von Westen nach Osten unterschiedliche Stufen des Wachstums anzutreffen. Im Zeitraum 1970-1975 bspw. war in osteuropäischen Städten Urbanisierung und Urbanisierung / Suburbanisierung zu beobachten. Im Westen Europas befanden sich die Städte bereits in der Suburbanisierung und der Suburbanisierung / Desurbanisierung. In Belgien befanden sich Städte zur gleichen Zeit sogar in der Desurbanisierung.[3]

2.3 Faktoren

Wie schnell eine Stadt wächst hängt davon ab, wie sehr die Industrialisierung vor Ort fortgeschritten ist. Die Industrialisierung schafft zunächst zahlreiche

---

[3] Vgl. Balchin, P. N.: Stadtstruktur, Globalisierung und Stadterneuerung in Westeuropa. In: Döllman, P. und Temel, R. (Hg.): Lebenslandschaften. Zukünftiges Wohnen im Schnittpunkt zwischen privat und öffentlich, Frankfurt/Main 2002, S. 133-134

Arbeitsplätze. Die neuen Arbeitsplätze bewirken, dass die Bevölkerung in den Städten sehr schnell anwächst. Dies geschieht in erster Linie durch Zuwanderung der Menschen aus den umliegenden ländlichen Gebieten. Ab 1850 beginnt die Wohnungssituation in den europäischen Städten sich zuzuspitzen.

Die Stadtentwicklungen in West- und in Osteuropa verlaufen größtenteils ähnlich. Unterschiede sind lediglich im zeitlichen Rahmen festzustellen. Die Veränderungen in den osteuropäischen Städten setzen im Unterschied zu den Entwicklungen in Westeuropa erst viel später ein. Diese Prozesse hängen nämlich eng mit der Industrialisierung zusammen, die in westlichen europäischen Ländern früher als in den östlichen Ländern einsetzte.

Die erste Veränderung zeigt sich in der Abwanderung der gehobenen Bevölkerungsschicht aus dem Stadtzentrum an den Stadtrand und in die Vororte. Die Verbesserung und die Ausweitung der Infrastruktur führen dazu, dass auch Arbeiter der Industrie nach und nach aus dem Stadtinneren in die Vororte ziehen.

In Westeuropa kann eine Verlagerung der Industriebetriebe aus der Stadt hinaus recht früh beobachtet werden. In Osteuropa dagegen erlebt man eine zweite Industrialisierungswelle nach dem Zweiten Weltkrieg. Zu Zeiten sozialistischer Regimes ist in den Stadtzentren noch eine hohe Konzentration an Arbeitsplätzen vorzufinden. Diese wird von einer erhöhten Zuwanderung und Wohnungsnot begleitet. Um die angespannte Lage zu entschärfen, werden erstmals staatlich angeordnete planerische Maßnahmen ergriffen, die auf die Beschränkung der Zuwanderung und des Wachstums der Stadtbevölkerung abzielen.[4]

---

[4] Vgl. Friedrichs, J. (Hg.): Stadtentwicklungen in kapitalistischen und sozialistischen Ländern, Reineck bei Hamburg 1978, S. 307-308

3 Räumliche Entwicklung während des Sozialismus

Im Gegensatz zu der Urbanisierung im Westen Europas, wurde die Urbanisierung in Osteuropa aktiv forciert. Im westlichen Europa fand dieser Prozess natürlich statt, indem er sich an die Gegebenheiten der Märkte orientierte. Im Osten jedoch wurde die Urbanisierung maßgeblich durch die getroffenen Entscheidungen der staatlichen Verwaltungen beeinflusst. Industriezentren entstanden nicht von selbst, sondern wurden geplant. Auch die benötigte Infrastruktur wurde danach ausgerichtet. Die Erfordernisse eines ökonomischen Marktes wurden in solchen Zentren meist wenig berücksichtigt.[5]

Was genau eine Stadt ist und wie sie delimitiert ist, ist in den osteuropäischen Staaten unterschiedlich. Die osteuropäischen Städte hatten jedoch gemeinsam, dass sie als „urbane administrative Gebiete" definiert wurden.[6] Während des Zweiten Weltkriegs sank die Bevölkerung besonders in den Städten sehr stark. Unter sozialistischer Administration nahm die Stadtbevölkerung von etwa 40 - 41 Millionen in 1950 auf bis zu 70 Millionen Einwohnern in 1975 zu. Dies ergibt eine Wachstumsrate von 3 % pro Jahr. Die Zahl der Menschen, die in die Städte zogen, war in diesem Zeitraum um einiges höher als die natürliche Zunahme der Bevölkerung. Dementsprechend war also ein progressiver Rückgang der Landbevölkerungen zu beobachten.[7]

3.1 Regionale Muster

Die Regionen eines Landes wurden in drei Kategorien eingeteilt: sehr urbanisierte Regionen, Regionen mit einer langsamen Urbanisierung und Regionen mit einer schnellen Urbanisierung.[8]

Sehr urbanisierte Regionen sind aus der Zeit des industriellen Kapitalismus erhalten geblieben. Sie wiesen eine Bevölkerungsdichte von über 200 Einwohner pro km² vor. Davon waren etwa zwei Drittel Stadtbewohner. Diese Regionen

---

[5] Vgl. Stanilov, K. (Hg.): The Post-Socialist City. Urban Form and Space. Transformations in Central and Eastern Europe after Socialism, Dordrecht 2007, S. 30
[6] Vgl. French, R. A. und Hamilton, I. F. E.: The Socialist City. Spatial Structure and Urban Policy, Chichester u. a. 1979, S. 167
[7] Ebd., S. 170
[8] Ebd., S. 174

teilten sich wiederum in zwei Berieche auf. Zum einen gab es eine Stadt oder ein Ballungsgebiet, wo das Wachstum stagnierte oder Arbeitsplätze neu geplant wurden. Zum anderen gab es die umliegende Zone, auf die das Wachstum vom Zentrum weg übertragen werden sollte. In solchen Regionen mussten die Verwaltungen gleichzeitig die Sanierung des älteren Stadtkerns und den Ausbau von angrenzenden sog. Schlafstädten durchführen.

Regionen, die eine langsame oder verlangsamte Urbanisierung erfuhren, waren in Länder vorzufinden, die eine niedrige Wachstumsrate sowohl bezogen auf die Bevölkerung als auch in Bezug auf die Stadtentwicklung gelichermaßen vorzuweisen hatten. Als Beispiel dafür dienen das damalige zentrale Polen und das nördliche Jugoslawien.

Regionen mit einer fortgeschrittenen Urbanisierung waren von einer gut entwickelten Hierarchie der Städte gekennzeichnet. Bei reichlichem Rohstoffvorkommen und guter wirtschaftlicher Lage konnten sich diese Städte entsprechend gut entwickeln. Im Gegensatz dazu standen weniger gut entwickelte Städte im Schatten solcher Großstädte, da ihnen die Mittel zur Industrialisierung fehlten. Beispiele dafür sind die Warschauer Region und die ungarische Ebene. Dazwischen gab es Regionen, die nur moderat urbanisiert waren. In kleinen und mittelgroßen Städten wurde die Urbanisierung mitunter durch eine gut entwickelte Landwirtschaft und durch vorteilhaft angesiedelte Rohstoffe begünstigt. Solche Voraussetzungen waren insbesondere in Slawonien, Vojvodina und Serbien vorzufinden.[9]

Regionen, die eine schnelle Urbanisierung erfuhren, lagen zahlreich in Rumänien, Jugoslawien und Polen vor. Solche Regionen hatten drei Charakteristika gemeinsam:

1) Es herrschte im Allgemeinen ein sehr hohes Bevölkerungswachstum.
2) Es waren Siedlungen vorhanden, die aufgrund ihrer Lage sehr viel Potenzial für Industriewachstum boten, oder über spezifische Einnahmequellen verfügten, wie z.B. der Tourismus in Dalmatien.

---

[9] Vgl. French, R. A. und Hamilton, I. F. E.: The Socialist City. Spatial Structure and Urban Policy, Chichester u. a. 1979, S. 174

3) Angrenzende ländliche Regionen waren von schlechten Verhältnissen geprägt.

Nährstoffarmer oder bergiger Boden begünstigten üblicherweise eine Bevölkerungsabwanderung in die Städte. So kam es, dass kleinere Siedlungen infolge von Investitionen eine sehr rasche Industrialisierung erfuhren.[10]

3.2 Stadtmustern

In der Sowjetunion wurde die Urbanisierung des Landes durch neue Niederlassungen geplant. Im Vergleich dazu ist in den anderen osteuropäischen Ländern die Urbanisierung auf der Grundlage der bereits vorhandenen Siedlungen geplant worden.

Das Hauptaugenmerk der sozialistischen Regierungen lag zunächst auf den mittelgroßen Städten. Durch ihre Entwicklung sollten zwei Ziele erreicht werden. Sie sollten zum einen als Knotenpunkte der Produktion sowie der sonstigen kulturellen und wissenschaftlicher Aktivitäten dienen. Dies würde ein einheitliches sozialistisches System auf nationaler Ebene ermöglichen. Der zweite wichtige Aspekt dieser Bestrebungen war dogmatischer Natur. Die sozialistische Ideologie, die für jedes Individuum das Recht auf Arbeit überall vorsieht, sollte dadurch implementiert werden.

Städte dienten in diesen Systemen als regionale Zentren für Dienstleistungen und Administration sowohl für bereits „entwickelte", als auch für „unterentwickelte" Regionen. Dies führte meistens dazu, dass die Hauptstädte dieser Länder oder deren wichtigste industrielle Zonen an Dominanz verloren. Am schwersten von solchen Bedeutungsverlusten waren Bukarest und Budapest getroffen, am wenigsten Warschau und Belgrad.[11] Diese Art von geplanter Urbanisierung führte jedoch zu einer gleichmäßigen Expansion mittelgroßer Städte.[12]

---

[10] Vgl. French, R. A. und Hamilton, I. F. E.: The Socialist City. Spatial Structure and Urban Policy, Chichester u. a. 1979, S. 175
[11] Ebd., S. 175-178
[12] Ebd., S. 182

3.3 Neue sozialistische Städte

Neben der Industrialisierung kleinerer Städte wurden nach 1950 in Osteuropa sogenannte „neue sozialistische Städte" erbaut. Die Unterscheidung solcher Städte von anderen ist jedoch nicht einfach. Manche kleinen Städte und urbane Siedlungen wurden gemäß der sozialistischen Vision errichtet. Andere mussten neu gebaut werden, weil sie im Krieg zerstört worden waren. Daher ist eine genaue Abgrenzung diffizil. Im Allgemeinen aber können drei Situationen unterschieden werden:

1)   Es wurden neue Städte erbaut, die an größere Städte physisch angebunden wurden. Solche Städte waren beispielsweise Nowa Huta bei Krakau in Polen, Novi Beograd, Novi Zagreb und Novi Sarajevo in Jugoslawien.

2) Es wurden neue Städte an bereits vorhandene kleinere Siedlungen angebaut, wie zum Beispiel Titograd in Jugoslawien und Bicaz in Rumänien.

3) Einige Städte wurden komplett neu erbaut, ohne Anbindung an irgendeiner bedeutenden Siedlung. Beispiele dafür sind Eisenhüttenstadt in DDR und Gheorghe-Gheorghiu-Dej in Rumänien.

Die Letzteren dienten ursprünglich größeren industriellen Unterfangen. Einige von ihnen sind auch nur als Satelliten von bestehenden Städten und Ballungsgebieten anzusehen, die oft lediglich als Schlafstätten fungierten.[13] Solche kleine Satelliten stellen keine Urbanisierung im traditionellen Sinne dar. Denn diese Orte erfüllten nicht alle Funktionen und weisen auch nicht alle Merkmale einer Stadt auf. Die Bildung solcher Städte entsprach dennoch der sozialistischen Politik, die darauf abzielte, dem übermäßigen Wachstum einzelner Städte entgegenzuwirken. Bei Agglomerationen, die sich auf einer niedrigen Stufe der Entwicklung befanden, war es einfacher einzugreifen, als bei Agglomerationen, die bereits einen großen Umfang erreicht hatten.[14]

---

[13] Vgl. French, R. A. und Hamilton, I. F. E.: The Socialist City. Spatial Structure and Urban Policy, Chichester u.a. 1979, S. 183-184

[14] Ebd., S. 184

In den Sechzigern wurde dann der Zuzug aus ländlichen Regionen in die Städte streng kontrolliert.

Um eine Überbevölkerung zu verhindern, wurden Kriterien aufgestellt, anhand welcher entschieden wurde, ob ein Bewerber eine Arbeitsstelle in der Stadt bekam oder nicht. Das wichtigste Kriterium dabei war dessen Unterkunft. Die Stadtverwaltungen oder ähnliche Behörden mussten klären, ob ein Bewerber in der Nähe des Unternehmens in der Stadt untergebracht werden konnte, oder ob eine Unterkunft in einer Entfernung von bis zu 45 Minuten Fahrt gefunden werden konnte. Dieses Vorgehen begünstigte zunehmend die Schaffung von neuen Wohnflächen. Dadurch wurde auch das industrielle Wachstum angekurbelt.

Die wirtschaftliche Modernisierung bewirkte eine Verlagerung des Schwerpunkts aus dem Produktionssektor in den Dienstleistungssektor. Dabei verloren ländliche Regionen keinesfalls an Attraktivität. Die verbesserten Infrastrukturen, die Versorgung mit Elektrizität und die zahlreichen Investitionen, die in die Agrikultur einflossen, entspannte ein Stück weit die Lage in den überfüllten Städten.[15]

3.4 Das Modell der europäischen Stadt

Viele europäische Städte unserer Zeit besitzen immer noch charakteristische Merkmale aus der sozialistischen Zeit. Unabhängig von ihrer Lage und Größe haben diese einige Gemeinsamkeiten, woraus sich ein Modell der europäischen Stadt ableiten lässt.

Vom Zentrum einer Stadt aus betrachtet, lässt sich diese in folgende Zonen einteilen:

1) der historische Kern,

2) innere kommerzielle Wohn- oder Industriegebiete aus der kapitalistischen Periode,

---

[15]Vgl. French, R. A. und Hamilton, I. F. E.: The Socialist City. Spatial Structure and Urban Policy, Chichester u. a. 1979, S. 188

3) die sozialistische Zone der Modernisierung oder das Ersetzen geerbter Gebäude usw.,

4) sozialistische Wohngebiete aus den Fünfzigern,

5) integrierte sozialistische Nachbarschaften und Wohnvierteln aus den Sechzigern und Siebzigern,

6) offene oder gepflanzte „Isolationsgürtel",

7) industrielle und gewerbliche Zonen,

8) offene Landschaft, Wald, Berge.

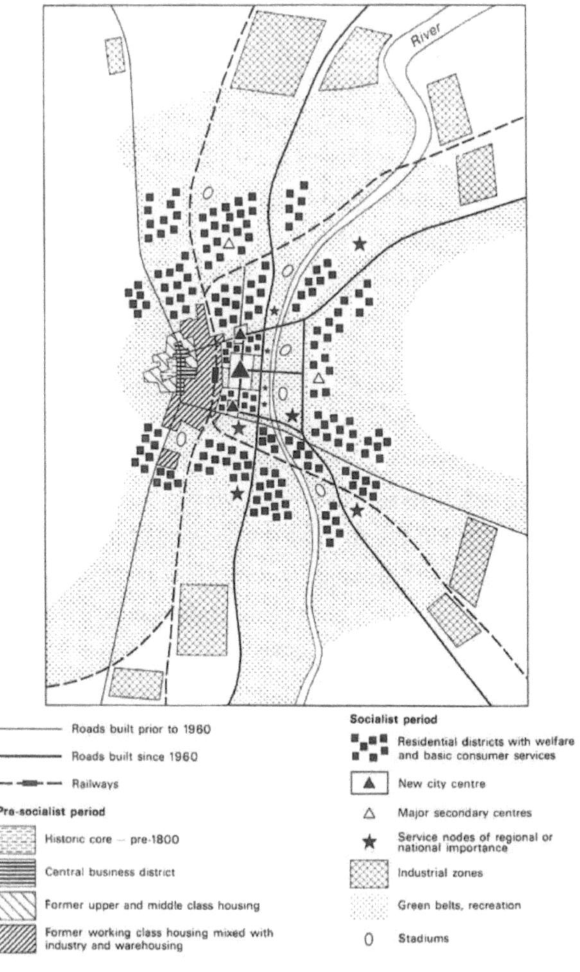

Figure 9.3 A model of the growth of an East European socialist city

Abbildung 1: Modell des Wachstums einer osteuropäischen sozialistischen Stadt[16]

---

[16] Quelle: French, A. R.: The Socialist City, 1979, S.228

Der historische Kern ist ein urbanes Gebiet, das für gewöhnlich um 1800 erbaut worden ist. Die mittelalterliche Stadt verfügte normalerweise über eine Burg oder ein Schloss, eine Kirche oder eine Moschee. Im Zentrum gab es meistens ebenfalls einen Marktplatz und weitere kleine Handels- oder Dienstleistungsgeschäfte. Wohnhäuser gab es in kleiner Anzahl. Städte, die viele Einnahmen aus dem Tourismus erzielten, pflegten historische Gebäude und setzten unästhetische Gebäude um. Zwar wurden sozialistische Reformen durchgeführt, aber das historische Zentrum behielt üblicherweise weitgehend seine ursprünglichen Strukturen und Funktionen.[17]

Das zentrale Geschäftsviertel, welches etwa in der kapitalistischen Zeit zwischen 1850 und 1940 datiert wird, wies in vielen europäischen Städten große Unterschiede auf. In diesen Gebieten trat eine dichte Bevölkerung auf. Aber die inneren Strukturen waren sehr unterschiedlich. Besonders in den Städten, die im 19. Jahrhundert einen starken wirtschaftlichen Schwung erlebt hatten, waren zahlreiche dichte Handelsstraßen zu finden, wo unterschiedlichste Geschäfte dicht aneinandergereiht waren. Als Beispiele dafür dienen besonders die Illica in Zagreb oder die Piotrkowska-Straße in Łódź. In diesen Gebieten wurden im Sozialismus grundlegende Veränderungen durchgeführt. In den Vierzigern wurde vielerorts festgelegt, dass jeder Einwohner sieben bis neun Quadratmeter Wohnraum zur Verfügung haben sollte. Dies führte zunächst dazu, dass große Räumlichkeiten, die bis dahin der gehobenen Schicht gehört hatten, zerstückelt wurden. Dies konnte anfänglich das Bevölkerungswachstum in den Städten auffangen, führte aber bald zu einer Überpopulation.[18]

Die sogenannten sozialistischen Zonen waren durch den Wiederaufbau der im Krieg zerstörten Gebäuden und Teilen der Städte gekennzeichnet. Der erste Schritt der Modernisierung bestand darin, die vorhandenen Straßen zu reparieren und die gesamte Infrastruktur zu verbessern. Anstelle zerstörter Gebäude wurden neue errichtet, und zwar im stalinistischen Stil. Ältere industrielle Gebiete,

---

[17] Vgl. French, R. A. und Hamilton, I. F. E.: The Socialist City. Spatial Structure and Urban Policy, Chichester u. a. 1979, S.229

[18] Ebd., S. 229-230

die sich am Stadtrand befanden, wurden durch neue größere Industrie-Komplexe ersetzt. Diese Zonen verfügten meist über ein eigenes Zentrum. Mit der Expansion der Stadt, sollte sich das neue sozialistische Zentrum zum wichtigsten Punkt der Stadt entwickeln und das alte Geschäftsviertel ersetzen.[19]

Die sozialistischen Nachbarschaften bestanden zum großen Teil aus Wohngebäuden. In diesen Wohngebieten gab es jedoch auch Einrichtungen, die die ansässigen Bewohner mit Wohlfahrts- und sonstigen Dienstleistungen versorgten. Hier gab es Schulen, Kliniken und genügend Einkaufsmöglichkeiten.[20]

Die sozialistischen Regierungen, die nach Ende des Zweiten Weltkrieges errichtet wurden, dauerten in den meisten Ländern des Ostblocks etwa bis 1989. Ab da verloren die Sozialisten immer mehr Macht, und wurden schließlich teilweise friedlich, teilweise gewaltsam, gestürzt.

---

[19] Vgl. French, R. A. und Hamilton, I. F. E.: The Socialist City. Spatial Structure and Urban Policy, Chichester u. a. 1979, S.231-232
[20] Ebd., S. 236-241

4 Die postsozialistischen Städte

Die wichtigsten Ziele nach dem Sturz sozialistischer Regimes waren der Aufbau eines vielseitigen politischen Lebens, die Einführung der freien Marktwirtschaft und die Wiedereinführung des privaten Eigentumsrechts.[21] Die Durchführung der Reformen gestaltete sich relativ schwierig, da es überall an demokratischen Institutionen fehlte. Man versuchte als Erstes, die Kontrolle des Staates in der Preisbildung einzudämmen. Ein weiterer Punkt war auch die Kürzung staatlicher Subventionen. Die anfänglichen Maßnahmen brachten jedoch nicht den erhofften Erfolg. Tatsächlich kam es zu einer sehr hohen Arbeitslosigkeit, im Vergleich zu einer Arbeitslosenquote von fast null Prozent während des Sozialismus. Der Industriesektor litt besonders stark darunter. Als Auswirkung davon konnte in einigen Regionen eine Flucht aus den Städten zurück in ländlichen Gebieten zu beobachtet werden.[22]

4.1 Der Wohnungsmarkt nach dem Sozialismus

In Mittel- und Osteuropa waren während der sozialistischen Regimes massenhaft neue Wohnräume in den Städten gebaut worden. Gegen Ende der 80er Jahre nahm der Neubau immer mehr ab. Anfang der 90er Jahre war der Bau schließlich drastisch zurückgegangen. Dies führte in weiten Teilen Europas zu einer Wohnungskrise.[23] Die mittel- und osteuropäischen Staaten waren zwar bemüht, die Wohnungsproduktion im Zuge neuer Reformen zu erhöhen. Dieses Vorhaben erwies sich jedoch wegen der ökonomischen Depression in den frühen 90er Jahren als besonders herausfordernd. Gegen Ende des Jahrzehnts verbesserte sich die wirtschaftliche Lage, sodass sich der Wohnungsmarkt nach 2000 erholte. Der wirtschaftliche Aufschwung war besonders für die Mittel- und Oberschicht der Bevölkerung vorteilhaft. Die positiven Entwicklungen begünstigten die Vergabe und Aufnahme von Krediten für Wohnungsbau und Wohnungskäufen. Mit der

---

[21] Vgl. Stanilov, K. (Hg.): The Post-Socialist City. Urban Form and Space. Transformations in Central and Eastern Europe after Socialism, Dordrecht 2007, S. 21
[22] Ebd., S. 22-23
[23] Ebd., S. 173

Erweiterung der EU nach 2004 fingen zahlreiche Investoren aus dem Okzident an, Immobilien in Osteuropa zu erwerben.[24] Diese Entwicklungen hatten zur Folge, dass nicht nur die Menge der Wohneinheiten anstieg, sondern auch deren durchschnittliche Wohnfläche. Während im Westen Europas eine Person durchschnittlich 36 m² Wohnfläche zur Verfügung hatte, waren es in Osteuropa etwa 20 m², meistens jedoch bei weitem weniger. In manchen osteuropäischen Ländern wurde die durchschnittliche Wohnfläche mittlerweile sogar verdoppelt. Während bspw. in Rumänien 1990 die Wohnfläche einer Einheit durchschnittlich 40 m² betrug, lag diese 2003 bereits bei 76 m². Ein anderes Beispiel dafür ist Litauen: Die durchschnittliche Wohnfläche betrug 1990 noch 38 m² wohingegen 2003 es schon 80 m² waren.[25]

Deutliche Veränderungen nach dem Sturz der sozialistischen Regimes waren auch in der Produktion und in der Verteilung der Wohnräume zu spüren. Die wichtigsten Reformen in diesem Bereich bestanden in der Liberalisierung, in der Privatisierung und in der Einschränkung der staatlichen Subventionen im Bausektor. Es wurden lediglich diejenigen Bauprojekte subventioniert, die vor der Wende begonnen wurden und nun fertiggestellt werden mussten. Dies führte zu einem drastischen Rückgang in der Versorgung mit Wohnräumen. Nicht nur die Bauunternehmen wurden privatisiert. Die sozialistischen Wohnungen wurden weit unter dem Preis verkauft, so dass die Bewohner der Wohnhäuser zu Eigentümer wurden. Die Privatisierung der Wohnräume hatte in den verschiedenen osteuropäischen Ländern unterschiedliche Ausmaße. Die Verteilung des Wohnraums als Eigentum erfolgte auf zwei Arten. Zum einen wurden, wie bereits erwähnt, die Wohnungen an den Bewohnern verkauft. Zum anderen wurden manche Wohnungen den Eigentümern restituiert, die diese nach dem Zweiten Weltkrieg verloren hatten. Die Neuordnung der Eigentumsverhältnisse zog eine Erweiterung des privaten Miet-Sektors nach sich. Dies wiederum bewirkte eine Neugestaltung der sozialen Struktur in den Städten. Im Allgemeinen führte die Verlagerung des Wohnungsbaus aus dem öffentlichen in den privaten Sektor dazu, dass die

---

[24] Vgl. Stanilov, K. (Hg.): The Post-Socialist City. Urban Form and Space. Transformations in Central and Eastern Europe after Socialism, Dordrecht 2007, S. 175
[25] Ebd., S. 176

Ausgaben des Staates in diesem Bereich extrem reduziert werden konnten. Die Lockerung der Voraussetzungen für einen Wohnungskauf und die eingestellten Subventionen führten jedoch eine Polarisierung der Wohnsituation herbei.

In der jüngeren Vergangenheit konnte beobachtet werden, wie die privaten Wohnräume aus dem Inneren der Städte immer weiter an die Peripherie verdrängt wurden. Die neu etablierten Immobilienmärkte ermöglichten die Durchsetzung kommerzieller Räume. Diese Entwicklung ging Hand in Hand mit einer steigenden Suburbanisierung. Denn während im Stadtinneren die Preise für Privatwohnungen stiegen, wurde der Bau neuer Wohnungen am Stadtrand und in der weiteren äußeren Umgebung der Stadt begünstigt. Diese kontinuierliche Dezentralisierung der Städte ist für die postsozialistische Zeit kennzeichnend.[26]

Nach dem Untergang der sozialistischen Regimes fand eine Dezentralisierung auch auf politischer und fiskalischer Ebene statt. Die lokalen Verwaltungen der Städte erhielten nun eine neue Autorität und neue Funktionen. Die Ausarbeitung urbaner Strategien fiel nun in ihren Zuständigkeitsbereichen.[27]

4.2 Die Entwicklung urbaner Strategien für Stadtzentren

Die grundlegenden Reformen der Stadtverwaltungen umfassen vier wichtige thematische Bereiche der Planungspolitik:

1) die Verstärkung wirtschaftlicher und kultureller Aktivitäten im Stadtzentrum,

2) die Unterstützung des öffentlichen Verkehrs im Stadtzentrum,

3) die Aufrechterhaltung eines hohen Beschäftigungsniveaus und

4) die Verbesserung der Bereitstellung von Wohnräumen.

---

[26] Vgl. Stanilov, K. (Hg.): The Post-Socialist City. Urban Form and Space. Transformations in Central and Eastern Europe after Socialism, Dordrecht 2007, S. 176-180

[27] Nedovic-Budic, Z. et al.: The urban mosaic of post-socialist Europe. In: Tsenkova, S. (Hg.): The Urban Mosaic of Post-Socialist Europe. Space, Institutions and Policy, Heidelberg 2006, S. 3-20

Die Voraussetzungen zur Verstärkung der wirtschaftlichen und kulturellen Aktivitäten sind mehr Flexibilität und Bewegung in der Flächennutzung. Solche Veränderungen müssen jedoch immer geplant werden, sie entstehen nicht von selbst. Wenn z. B. in Stadtzentren die Umwandlung privater Räume in gewerbliche Räume verboten wird, verlagert sich die moderne wirtschaftliche Entwicklung in die Vorstädte, wo mehr Flexibilität herrscht. Vielerorts sind in der postsozialistischen Zeit immer noch Eigentumsprobleme anzutreffen. In älteren Stadtteilen beispielsweise, wo sich durchaus noch Eigentumstiteln mit Rückgabeansprüchen überlagern, können keine Änderungen in der Nutzung der Räumlichkeiten umgesetzt werden. Eine Nutzung der verfügbaren Flächen durch Institutionen, Handels- und Dienstleistungsunternehmen würde erhöhte Steuereinnahmen generieren, die wiederum ein breites kulturelles Angebot ermöglichen könnten.

Die meisten europäischen Städte sind monozentrisch und weisen eine relativ hohe Bevölkerungsdichte um das Stadtzentrum herum auf. Um den öffentlichen Verkehr zu unterstützen, muss die Nutzungspolitik von Grund auf geändert werden. Das Verkehrsnetz muss effizient und zuverlässig sein. Der Verkehr mit Privatautos muss reduziert werden. Um der Nutzung von Privatautos im Zentrum der Stadt entgegenzuwirken, werden oft Gebühren für die Nutzung von Straßen oder Parkflächen eingeführt.

Die Aufrechterhaltung eines hohen Beschäftigungsniveaus gestaltet sich besonders schwierig. Nach der Schließung vieler staatlicher Unternehmen aus der sozialistischen Zeit, herrscht in Mittel- und Osteuropa eine hohe Arbeitslosigkeit. Stadtverwaltungen bemühen sich oft, große Investoren in die Städte zu locken. Kleinere Gewerbebetriebe bleiben dabei meistens unberücksichtigt. Kleine Unternehmen aber, besonders aus dem Handels- und Dienstleistungssektor, bieten die meisten neuen Arbeitsplätzen. Zu der Aufrechterhaltung der Beschäftigung sollen auch neue „Strukturentwicklungspläne" dienen. Diese sehen die Unterteilung der Städte in Zonen vor. Eine effektive Zoneneiteilung stellt sich jedoch aus verschiedenen Gründen ebenfalls als schwierig heraus. Oftmals entspricht die Flächennutzung nicht den Erfordernissen des Marktes. In Osteuropa ist die Beteiligung der Öffentlichkeit an administrativen Prozessen im Gegensatz zu Westeuropa nach der Wende immer noch minimal. Weiterhin sind Interessengruppen sehr wenig organisiert und in den meisten Fällen auch nicht hinreichend über solche technischen Fragen informiert.

Als Vorzeigebeispiel für eine Zoneneinteilung soll die Stadt Warschau dienen. Die Zonen der Stadt sind in drei Hauptkategorien eingeteilt:

1) Marktgerechte Gebiete zu 48% der Gesamtfläche,

2) abgelegene Gebiete für die Schwerindustrie zu 14% und

3) ein geschützter Bereich von 37%, worunter historische Gebiete, universitäre Bereiche und grüne Flächen fallen.

Als Gegenbeispiel dafür dient Prag. Prag ist in 68 Zonen unterteilt. Dieser Umstand macht die Regulierung der Nutzung erwartungsgemäß sehr umständlich.

Bei der Verbesserung der Bereitstellung von Wohnräumen ist die Bevölkerungsdichte von zentraler Bedeutung. In der Gegenwart ist in Osteuropa eine sinkende Bevölkerungsdichte zu beobachten. Gleichzeitig steigen die Einkünfte der Bevölkerung und damit auch die Kaufkraft. Die Nachfrage nach immer größerem Wohnraum steigt parallel dazu auch. Es herrscht eine paradoxe Situation mit sinkender Einwohnerzahl und Wohnraumknappheit. Dieses führt dazu, dass Räume, die zu sozialistischer Zeit zerstückelt und verkleinert wurden, nun wieder zusammengefügt werden, um einen größeren abgeschlossenen Raum zu ergeben. Ein weiteres Problem in Osteuropa stellen die Plattenbauten dar. In vielen Städten liegen die Mieten unter den Instandhaltungskosten. Dies ist meistens auf die unvorteilhafte Lage der Plattenbauten zurückzuführen.

Um die Wohnraumproblematik in den Griff zu bekommen, müssen die Verwaltungen die Umwandlung ungenutzter industriellen Flächen in Wohngebieten erleichtern. Außerdem sollte die Bevölkerungsdichte vom Markt reguliert werden, nicht durch Vorschriften festgelegt werden.[28]

---

[28] Nedovic-Budic, Z. et al.: The urban mosaic of post-socialist Europe. In: Tsenkova, S. (Hg.): The Urban Mosaic of Post-Socialist Europe. Space, Institutions and Policy, Heidelberg 2006, S. 3-20

5 Schlusswort

Die Untersuchungen auf diesem Gebiet haben gezeigt, dass die Urbanisierung in osteuropäischen Städten durchaus mit der Urbanisierung in westeuropäischen Städten vergleichbar ist. Die Entwicklungen unterscheiden sich in ihrem zeitlichen Rahmen. Durch den späteren Einzug der Industrialisierung in Osteuropa hat sich auch der Prozess der Urbanisierung zeitlich nach hinten verschoben. Eine wesentliche Rolle hat dabei die sozialistische Ideologie, die jahrzehntelang implementiert worden sind, gespielt. Die Wohnungs- und Eigentumsverhältnisse, die daraus resultiert haben, haben nämlich dazu geführt, dass der Wohnungsmarkt nicht richtig funktionieren kann. Während in Westeuropa mittlerweile eine Reurbanisierung der Städte angestrebt wird, gibt es in Osteuropa noch immer weite Gebiete, in denen eine stagnierende Verstädterung vorherrscht. Fehlende Rechtsgrundlagen, hohe Korruption, eine größer werdende Kluft zwischen armen und reichen Bürgern und das Fehlen einer stabilen Wirtschaftslage erschweren nicht nur die Weiterentwicklung, sondern auch die Lösung bestehender Probleme in den Städten.

Literaturverzeichnis

Balchin, P. N.: Stadtstruktur, Globalisierung und Stadterneuerung in Westeuropa. In: Döllman, P. und Temel, R. (Hg.): Lebenslandschaften. Zukünftiges Wohnen im Schnittpunkt zwischen privat und öffentlich, Frankfurt/Main 2002

French, R. A. und Hamilton, I. F. E.: The Socialist City. Spatial Structure and Urban Policy, Chichester u. a. 1979

Friedrichs, J. (Hg.): Stadtentwicklungen in kapitalistischen und sozialistischen Ländern, Reineck bei Hamburg 1978

Heineberg, H.: Stadtgeographie, 3., aktualisierte und erweiterte Auflage, Paderborn 2006

Nedovic-Budic, Z. et al.: The urban mosaic of post-socialist Europe. In: Tsenkova, S. (Hg.): The Urban Mosaic of Post-Socialist Europe. Space, Institutions and Policy, Heidelberg 2006

Stanilov, K. (Hg.): The Post-Socialist City. Urban Form and Space. Transformations in Central and Eastern Europe after Socialism, Dordrecht 2007